BOUQUET

DE

MÉLASTOMACÉES BRÉSILIENNES

DÉDIÉES A

SA MAJESTÉ DOM PEDRO II

EMPEREUR DU BRÉSIL

PAR

J. de SALDANHA da GAMA et **Alfred COGNIAUX**
CONSUL GÉNÉRAL DE L'EMPIRE DU BRÉSIL EN BELGIQUE   CONSERVATEUR DE L'ÉCOLE DU BRÉSIL A VERVIERS
PROFESSEUR HONORAIRE DE BOTANIQUE A L'ÉCOLE POLYTECHNIQUE   PROFESSEUR DE BOTANIQUE A L'ÉCOLE NORMALE DE LA MÊME VILLE
DE RIO DE JANEIRO, etc.   etc.

(Extrait du FLORA BRASILIENSIS)

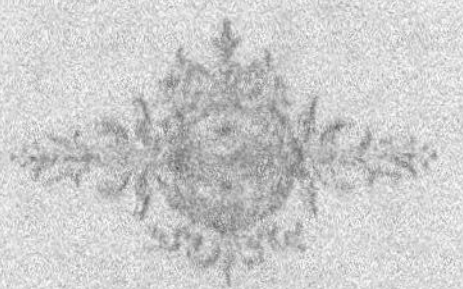

VERVIERS
IMPRIMERIE A. REMACLE
Août 1887

BOUQUET

DE

MÉLASTOMACÉES BRÉSILIENNES

DÉDIÉES A

SA MAJESTÉ DOM PEDRO II

EMPEREUR DU BRÉSIL

PAR

J. de SALDANHA da GAMA   et   **Alfred COGNIAUX**

CONSUL GÉNÉRAL DE L'EMPIRE DU BRÉSIL EN BELGIQUE   VICE-CONSUL DE L'EMPIRE DU BRÉSIL A VERVIERS

PROFESSEUR RETRAITÉ DE BOTANIQUE A L'ÉCOLE POLYTECHNIQUE   PROFESSEUR DE BOTANIQUE A L'ÉCOLE NORMALE DE LA MÊME VILLE

DE RIO DE JANEIRO, ETC.   ETC.

(Extrait du FLORA BRASILIENSIS)

VERVIERS

IMPRIMERIE A. REMACLE

Août 1887.

AVANT-PROPOS.

Le premier fascicule du *Flora Brasiliensis* fut publié en 1840 et le dernier pourra probablement paraître d'ici à peu d'années.

L'ouvrage le plus gigantesque en son genre qui ait vu le jour jusqu'ici sera donc bientôt terminé. Un tel résultat n'eût jamais pu être atteint sans la constante et puissante protection du Souverain éclairé, aimant les sciences et savant lui-même — Sa Majesté l'Empereur Dom Pedro II, — comme aussi sans les nombreux et très importants subsides dûs à la libéralité de son Gouvernement.

Dans ces circonstances, nous croyons ne pouvoir mieux terminer la monographie de la grande famille des Mélastomacées qu'en attachant le nom de l'Illustre Souverain Brésilien à quelques-unes des splendides plantes de son immense Empire et en en faisant paraître la description et la figure dans la Flore du Brésil.

Nous avons l'espoir qu'il daignera accepter cet hommage, si faible qu'il soit. Plus tard, l'incomparable famille des Orchidées, dont s'occupe l'un de nous, nous permettra peut-être de lui en offrir un autre plus digne de lui.

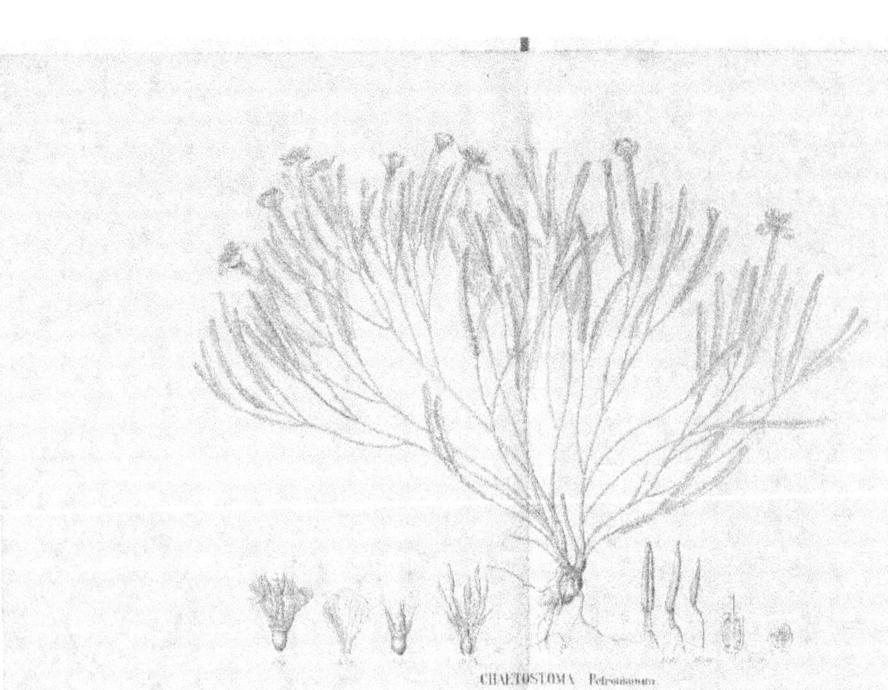

CHAETOSTOMA Petromanum.

CHAETOSTOMA PETRONIANA SALD. & COGN.

(Sect. Euchaetostoma).

C. multicaule, glaberrimum; caulibus adscendentibus, ramosissimis; ramis fastigiatis subcorymbosisve, inferne longe denudatis et creberrime articulatis, superne dense foliosis; foliis arcte quadrifariam imbricatis, internodiis 4-5-plo longioribus, triangulari-linearibus, basi non vel vix constrictis, apice acutis et brevissime setoso-pungentibus, margine integerrimis vel rarius vix ciliatis, utrinque glaberrimis, paulo carinatis, obscure 5-7-nerviis, nervis marginalibus et dorsali crassiusculis callosisque; floribus sessilibus, ad apices ramulorum solitariis; calyce inermi, tubo campanulato, segmentis triangulari-linearibus, apice acutissimis, margine inferne brevissime ciliatis caeteris integerrimis, obscure 5-nerviis, tubum aequantibus; petalis roseis, acutiusculis; antheris subrectis, appendice connectivi quam loculos breviore; fructu obovoideo, apice rotundato et subintruso.

Caulis satis gracilis, trichotome ramosus, teretiusculus, non articulatus, sublaevis, cinereo-fuscus, 1-1 1/2 dm. altus; rami graciles, elongati, obscure tetragoni, glaberrimi, fuscescentes. Folia utrinque laete viridia, circiter 4 mm. longa, 1 mm. lata. Calycis tubus pallide viridis vel dilute purpureus, basi rotundatus, apice vix dilatatus, 3 mm. longus; 2-2 1/2 mm. latus; segmenta erecta, rigida, purpurea, 3 mm. longa, basi 1 mm. lata. Petala erecto-patula, anguste obovata, inferne paulo-attenuata, utrinque glaberrima, 7-9 mm. longa. Staminum filamenta capillaria, pallida, paulo flexuosa, 3 1/2 vel 4 mm. longa; antherae flavae, 2 1/2 vel 3 mm. longae, connectivo infra loculos 1/2 vel 3/4 mm. longo producto, capillari, subrecto, basi vix auriculato. Ovarium ovoideum, glabrum, apice truncatum; stylus filiformis, leviter sigmoideo-flexuosus, purpureus, apice leviter attenuatus, 8-9 mm. longus. Capsula 3 mm. longa. Semina perfecta ignota.

Habitat in prov. Rio de Janeiro : Glaziou n. 14752; ad Serra dos Orgãos altit. 1800 metr.: Glaziou n. 15961 et ann. 1887. n. II. — Floret Januario.

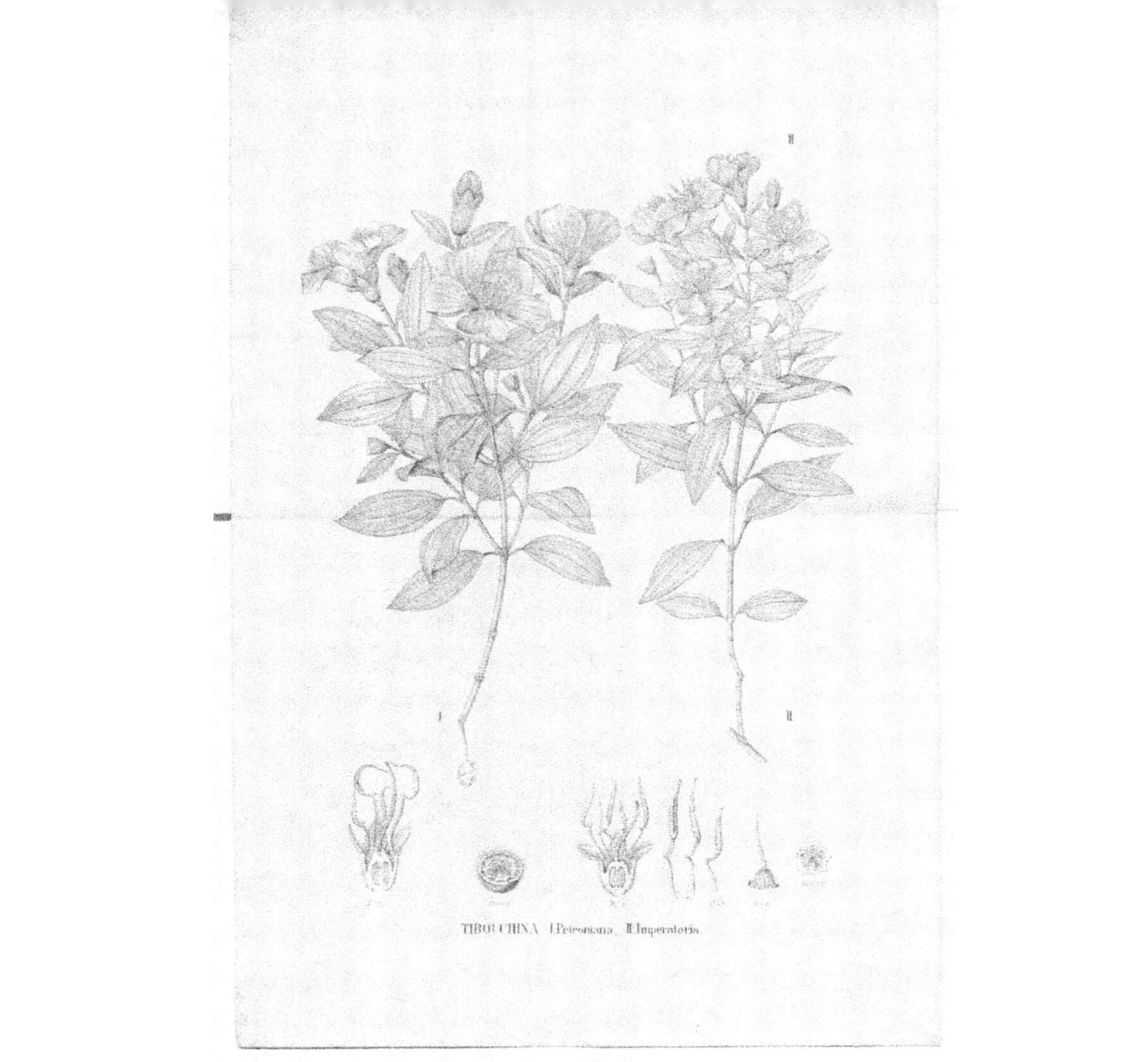

TIBOUCHINA I.Petroniana. II.Imperatoris.

TIBOUCHINA PETRONIANA COGN. & SALD.

(Sect. Involucrales.)

T. fruticosa macrantha; ramis superne obscure tetragonis inferne teretiusculis, primum setulis vix perspicuis arcte adpressis subsparse vestitis demum glaberrimis et sparse verruculosis; foliis breviuscule petiolatis, rigidiusculis, ovato-oblongis, basi rotundatis, apice acutiusculis vel obtusis, margine integerrimis, trinerviis cum venulis tenuissimis marginalibus, utrinque sub lente setulis tenuissimis arcte adpressis sparse vestitis et vix scabriusculis; floribus ad apices ramulorum solitariis; bracteis saepius 6, rigidiusculis, late obovatis, apice rotundatis vel saepius emarginato-bilobatis, margine late subpellucidis et brevissime ciliatis, dorso brevissime setulosis caeteris glaberrimis; calyce setis sericeis adpressis canescentibus longiuscule denseque vestito, segmentis oblongis, apice obtusis vel subrotundatis, margine non pellucidis non vel vix ciliatis, tubo paulo longioribus; petalis triangulari-obovatis, apice subtruncatis et minute obtuseque apiculatis, margine brevissime ciliatis, basi longiuscule cuneato-attenuatis; staminibus satis inaequalibus, filamentis antice densiuscule breviterque glanduloso-pilosis; stylo inferne usque ultra medium longiuscule et densiuscule hirsuto.

Rami robustiusculi, erecto-patuli, fuscescentes, leviter trichotomo ramulosi, inferne denudati. Petiolus gracilis, teretiusculus, supra angustissime profundeque canaliculatus, brevissime subsparseque setulosus, 1/2-1 1/2 cm. longus. Folia patula, internodiis 2-4-plo longiora, supra laete viridia, subtus satis pallidiora, 5-7 cm. longa, 2 1/2-3 cm. lata; superiora saepius paulo minora; nervis satis gracilibus, supra vix impressis, subtus satis prominentibus, mediano leviter crassiore, nervulis transversalibus indistinctis. Pedicelli satis graciles, rigidiusculi, cinereo-fusci, brevissime denseque adpresso-scabosi, apice articulati, 1-2 cm. longi. Bracteae concavae, valde caducae, enerviae, fuscescentes, 12-16 mm. longae, 10-14 mm. latae. Calyx canescens, tubo campanulato, enervio, basi rotundato, apice non dilatato, 8-9 mm. longo, 7-8 mm. lato, segmentis erectis, rigidiusculis, deciduis, 9-10 mm. longis, 4-5 mm. latis. Petala purpurea, erecto-patula, utrinque glabra, tenuissime multinervulosa, 3 cm. longa, superne 2 1/2 cm. lata. Staminum filamenta filiformia, violacea, rigidiuscula, subrecta, 10-12 vel 15-18 mm. longa; antherae purpurascentes, plus minusve arcuatae, apice longe attenuatae et paulo pallidiores, 10-12 mm. longae, 1 mm. crassae, loculis leviter undulatis, connectivo infra loculos 1-1 1/2 vel 3 mm. longo producto, purpureo-violaceo, subfiliformi, recto, basi eglanduloso et leviter dilatato. Ovarium superne 10-costatum, apice 5-lobatum et brevissime denseque canescenti-setulosum; stylus atropurpureus, crassiusculus, leviter sigmoideo-flexuosus, 2-2 1/2 cm. longus. Capsula perfecta ignota.

Habitat in prov. Rio de Janeiro - Glaziou n. 15997.

TABULA II. Fig. II.

TIBOUCHINA IMPERATORIS SALD. & COGN.

(SECT. INVOLUCRALES).

T. fruticosa macrantha; ramis superne obscure tetragonis inferne teretiusculis, primum sub lente subtilissime adpresso-papillosis demum glaberrimis laevibusque; foliis breviter petiolatis, rigidiusculis, oblongo-lanceolatis, basi satis attenuatis acutisque, apice breviter acutoque acuminatis, margine integerrimis, trinerviis, utrinque glaberrimis laevibusque vel sub lente vix setulosis; floribus ad apices ramulorum terminalibus solitariis; bracteis valde caducis; calyce satis sericeis arcte adpressis canescentibus longiuscule denseque vestita, segmentis ovato-oblongis, apice obtusis, margine pellucidis non vel vix ciliatis, tubo paulo brevioribus; petalis anguste triangulari-obovatis, apice oblique acutiusculis, margine non vel vix ciliatis, basi longe cuneato-attenuatis; staminibus satis inaequalibus, filamentis glabris vel glabriusculis; stylo glabro.

Rami graciles, erecti vel erecto-patuli, breviusculi, canescenti-cinerei, valde trichotome ramulosi. Petiolus gracilis, teretiusculus, supra profundiuscule canaliculatus, sub lente vix setulosus, 1 1/2-1 cm. longus. Folia patula vel erecto-patula, internodiis subduplo longiora, utrinque pallide viridia et opaca praecipue subtus, 4-6 cm. longa, 12-18 mm. lata, superiora paulo minora; nervis gracillimis, supra profundiuscule impressis; subtus valde prominentibus, mediano paulo crassiore; nervulis transversalibus indistinctis. Pedicelli graciles, rigidiusculi, cinerei, obtuse tetragoni, sub lente vix adpresse setulosi, apice articulati, 1 1/2-1 cm. longi. Bracteae ignotae. Calycis tubus canescens, campanulatus, cnervius, basi subrotundatus, superne non vel vix dilatatus, 7-8 mm. longus, apice 6 mm. latus; segmenta erecto-patula, rigidiuscula, dorso cinereo-fusca margine purpurea, non vel vix ciliata, 5-6 mm. longa, 3 mm. lata. Petala pulchre purpurea, patula, leviter asymmetrica, utrinque glabra, tenuissime plurinervia, 2 cm. longa, 12-13 mm. lata. Stamina filamenta filabrata filiformia, purpureo-violacea, suberecta, 7-8 vel 10-11 mm. longa; antherae purpurascentes, satis aequales, apice longe attenuatae et pallidiores, 9 vel 10-11 mm. longae, vix 1 mm. crassae, lateribus leviter undulatis, connectivo infra bomba 1 vel 1-5 mm. longe producto, purpureo, filiformi, subrecto, basi leviter incrassato et subbilobato. Ovarium ovoideum, superne 10 costatum et brevissime denseque setulosum, apice 5-lobatum; stylus filiformis, purpureus, satis sigmoideo-flexuosus, 1 1/2 cm. longus. Capsula perfecta ignota.

Var. β. PARVIFOLIA SALD. & COGN.
Folia erecta, supra intense viridia, subtus satis pallidiora, 2 1/2-1 cm. longa. Petala ut videtur purpureo-violacea. Connectivum antherarum majorum 6 mm. longum.

Habitat in prov. Rio de Janeiro. Glaziou n. 15982 et 15983 (var. β.)

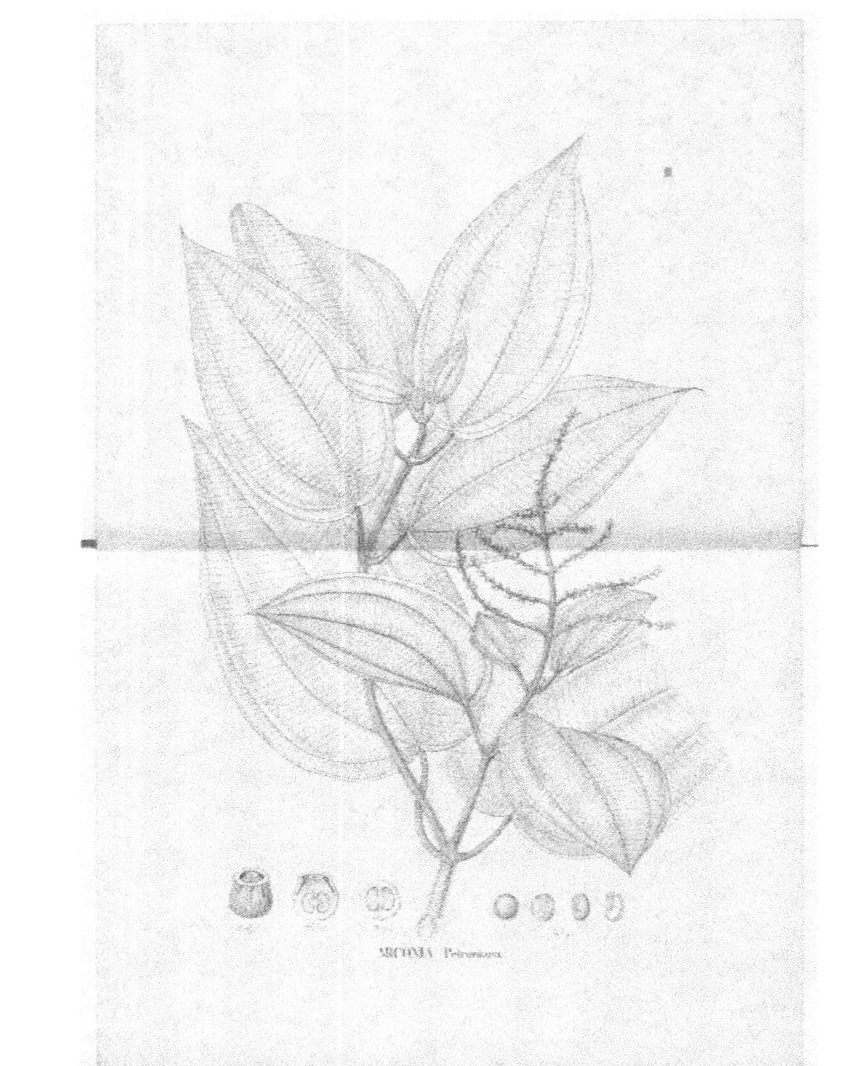

MICONIA Petroniana.

MICONIA PETRONIANA COGN. & SALD.

(SECT. GLOSSOCENTRUM.)

TABULA III.

MICONIA PETRONIANA COGN. & SALD.

(SECT. GLOSSOCENTRUM.)

M. ramis teretiusculis superne leviter compressis, junioribus acutole patentissimis elongatis vel longissimis rigidis rectis pyramidato-linearibus papillosis densissime vestitis; foliis longiuscule petiolatis, rigidiusculis, anguste ovatis, basi rotundatis et saepius leviter emarginato-cordatis, apice breviuscule acuteque acuminatis, margine integerrimis vel vix sinuato-denticulatis, 5-7-nerviis, supra primum pilis rufescentibus brevissimis stellatis dense vel densiuscule vestitis demum glaberrimis laevibusque, subtus densiuscule breviterque stellato-furfellis praecipue ad nervos nervulosque; paniculis majusculis, terminalibus, ramis simplicibus, elongatis, undique densiuscule floriferis, spicas subcontinuas formantibus; floribus 4-meris, sessilibus, basi ebracteolatis et densissime pilosis; calyce fructifero glabro, limbo truncato vel obscure 4 lobato; ovario biloculari, glabro, apice minute denticulato, superne tantum libero.

Rami lignosi, robusti, paulo flexuosi, ferruginei, paulo ramulosi. Petiolus robustus, obscure sulcatus, supra non canaliculatus, rufescens, breviuscule denseque papillosus, 3-5 cm. longus. Folia erecto-patula, internodiis 2-3-plo longiora, supra laete viridia et opaca, subtus ferruginea vel cinereo-ferruginea, in eodem jugo saepius paulo inaequalia, 1 1/2-2 1/2 dm. longa, 8-14 cm. lata; nervis robustis, supra leviter impressis, subtus valde prominentibus, mediano paulo crassiore, exterioribus caeteris multo gracilioribus et paulo brevioribus; nervulis transversalibus numerosis, crassiusculis, subrectis, supra leviter impressis, subtus satis prominentibus, tenuiter ramuloso-reticulatis. Paniculae erectae, ferrugineae, satis ramosae, 1 1/2 dm. longae; rami patentissimi, robustiusculi, teretiusculi, basi ebracteati. Flores perfecti ignoti. Bacca nigricans, late subglobosa, leviter 8-costata, 2-sperma, 2-2 1/2 mm. crassa. Semina pallide fulva, subhemisphaerica, laevia nitidaque, fere 2 mm. lata, 1 mm. crassa.

Habitat in prov. Rio de Janeiro; Glaziou n. 1381, 9463 et 16011.

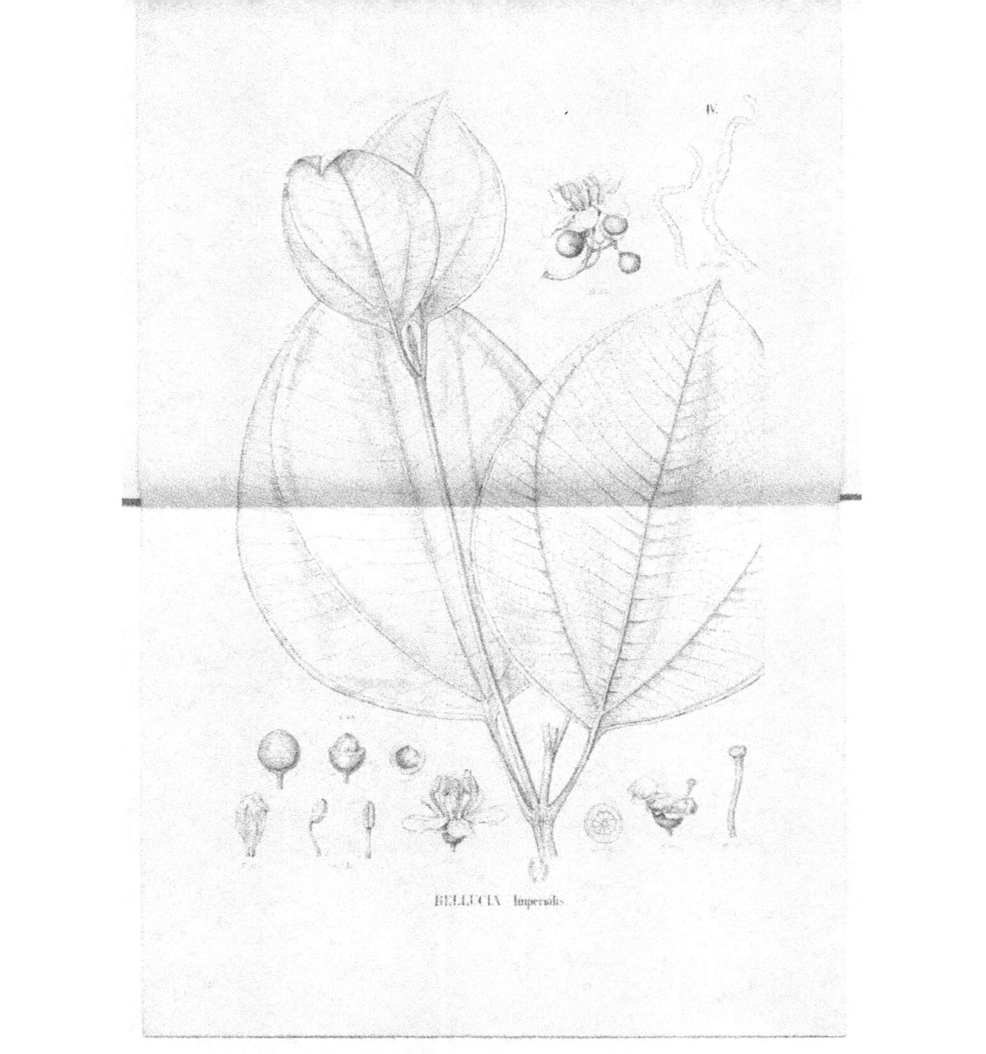

BELLUCIA Imperialis.

BELLUCIA IMPERIALIS SALD. & COGN.

(SECT. EUBELLUCIA).

B. ramis obscure tetragonis superne leviter compressis et interdum bisulcatis, junioribus petiolis pedunculisque tenuissime furfuraceo-puberulis, vetustioribus glaberrimis laevibusque; foliis magnis, longiuscule petiolatis, late ovatis, basi obtusis vel rotundatis, apice acutiusculis vel brevissime obtusoque acuminatis, quintuplinerviis, supra primum furfuraceo-puberulis praecipue ad nervos demum glaberrimis laevibusque, subtus pilis brevissimis patulis crispulis simplicibus vel ramulosis densiuscule vestitis; floribus majusculis, 6-8-meris, longiuscule pedicellatis, in paniculas breves dichotomas paucifloras axillares dispositis, ebracteolatis; alabastro late pyriformi, apice rotundato; calyce dense furfuraceo-puberulo, tubo subhemisphaerico, limbo membranaceo, in juventute floris omnino clauso, sub anthesi in lobos plures inaequales lacero; petalis irregulariter obovatis; antheris dolabriformibus; stylo crassiusculo, leviter exserto, stigmate satis dilatato, vertice multicostato.

GUAYAVA D'ANTA Brasiliensibus (SECUND. CL. SCHWACKE).

Arbor 10 m. alta. Rami robustiusculi, lignosi, elongati, erecto-patuli, paulo ramulosi. Petiolus robustissimus angulato-sulcatus, supra paulo canaliculatus, laevis, sordide fuscos, 2-5 cm. longus. Folia erecto-patula, internodiis 3-4-plo longiora, supra siccitate nigricantia et subopaca, subtus sordide ferruginea, in eodem jugo saepius satis inaequalia, 1 1/2-2 1/2 dm. longa, 11-17 cm. lata; nervis crassis, supra leviter prominentibus, subtus valde prominentibus, mediano satis crassiore, intermediis 1/2-1 cm. supra basin limbi a medio orientibus, exterioribus margini proximis caeteris multo gracilioribus et satis brevioribus; nervulis transversalibus distantibus, robustis, suberectis, supra leviter impressis, subtus valde prominentibus, valde tenuiterque ramuloso-reticulatis. Paniculae patulae, 3-5 cm. longae; ramis erecto-patuli, robustiusculi, paulo compressi, breves, saepius bifurcati, ad nodos ebracteati vel minutissime bibracteati; pedicelli robustiusculi, suberecti, 1/2-1 1/2 cm. longi. Calyx siccitate sordide ferrugineus, laevis, circiter 2 cm. latus. Petala alba, patula, apice subrotundata, basi leviter attenuata, subenervia, inaequilatera, latere uno interdum appendiculata, 17-20 mm. longa, 1-1 1/2 cm. lata. Staminum filamenta crassiuscula, suberecta, 8-9 mm. longa; antherae paulo incurvae, 5 mm. longae, 1 1/2 mm. latae, 3-3 1/2 mm. crassae. Stylus paulo sigmoideo-flexuosus, teres, 2 cm. longus, 1 1/2-2 mm. crassus, stigmate 3 mm. lato. Bacca perfecta ignota.

Habitat in vicinia Manaos prov. Alto Amazonas: Spruce n. 1145 et 1457, Schwacke III. n. 374 (Glaziou n. 13830). — Floret Aprili-Maio.

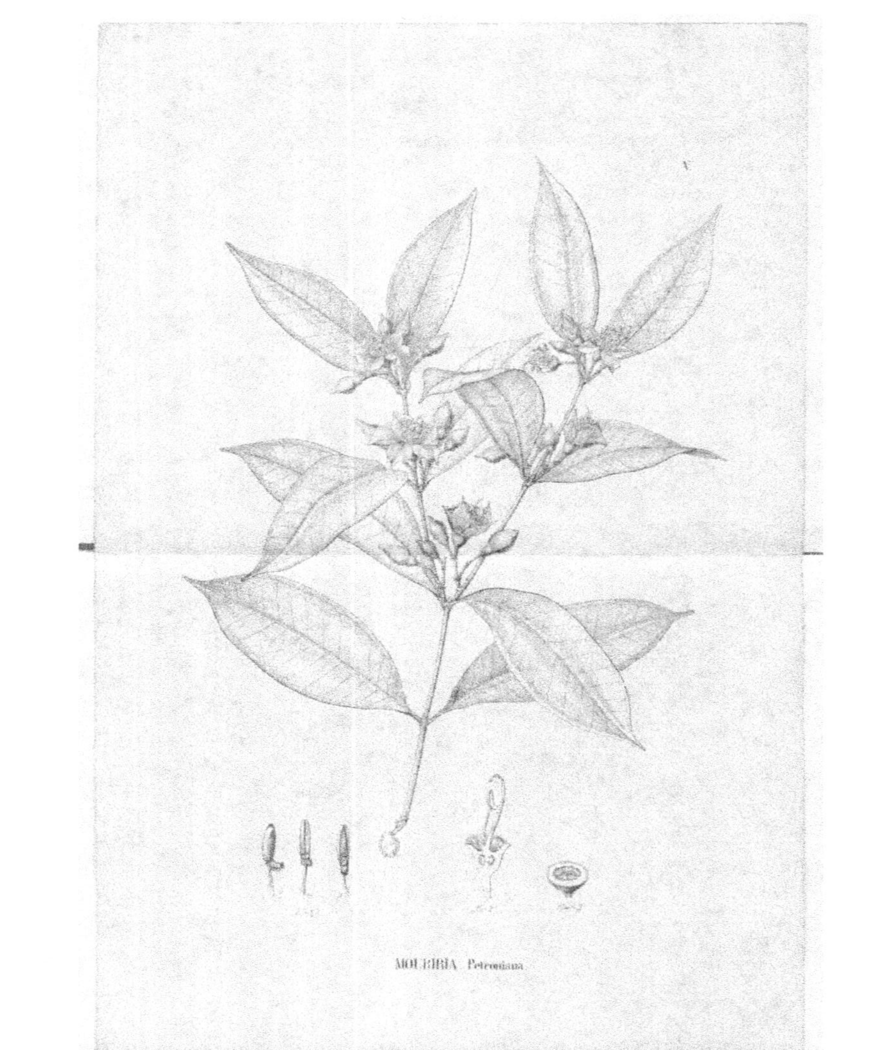

MOLLERIA Petroniana

MOURIRIA PETRONIANA COGN. & SALD.

(Sect. Olisbea).

M. ramis teretiusculis; foliis majusculis, brevissime petiolatis, crasso coriaceis rigidisque, lanceolatis vel oblongo-lanceolatis, basi satis attenuatis acutisque, apice subabrupte acute longeque acuminatis, uninerviis, nervulis lateralibus paulo distinctis; cymis axillaribus terminalibusve, brevibus, paucifloris; floribus majusculis, 5-meris, longe pedicellatis, basi ebracteolatis; calyce densiuscule furfuraceo, ante anthesim indiviso clauso oblongo-lanceolato acuminato, tubo late campanulato, limbo ad florescentiam transverse circumscisso et irregulariter lacero; petalis irregulariter ovato-trapeziformibus, apice subabrupte acute longeque acuminatis; staminibus non vel vix exsertis; antheris subsorectis, ovato-oblongis, rectis, superne breviuscule birimosis, connectivo satis constricto, valde recurvo, dorso glandula parva ovata aucto, basi postice longiuscule obtuseque calcarato; ovario 5-loculari; stylo filiformi, superne satis attenuato.

Rami erecto-patuli, graciles, longiusculi, subrecti, apice purpurascentes, inferne cinerei et rugulosi, satis dichotome ramulosi. Petiolus satis gracilis, teretiusculus, supra profundiuscule canaliculatus, 3-8 mm. longus. Folia patula vel erecto-patula, internodiis 2-3-plo longiora, utrinque laevia, supra laete vel intense viridia et nitidula, subtus pallide viridia, 1-1 1/2 dm. longa, 2 1/2-4 1/2 cm. lata; nervo mediano crasso, supra non vel vix impresso, subtus satis prominente; nervulis lateralibus supra vix prominentibus, subtus indistinctis. Cymae erecto-patulae, 3-5-florae, 2-3 cm. longae; pedicelli erecti, satis graciles, subrecti, glabri, obtusiuscule tetragoni, saepius ad medium articulati et bibracteolati, 1-1 1/2 cm. longi. Brachsolae fugacissimae. Alabastrum oblongum, utrinque longiuscule attenuatum, 14-17 mm. longum. Calyx siccitate nigricans, tubo teretiusculo, basi obtusiusculo, apice satis dilatato, 6 mm. longo, 8-9 mm. lato, limbo 10-11 mm. longo. Petala erecta vel erecto-patula, membranacea, crassiuscule uninervia, satis asymmetrica, basi vix unguiculata, utrinque leviter furfuracea praecipue intus, circiter 1 1/2 cm. longa, fere 1 cm. lata. Staminum filamenta filiformia, subrecta, superne satis attenuata, 10-12 mm. longa; antherae flavescentes, apice rotundatae, 4 mm. longae, 1 3/4 mm. crassae. Stylus satis sigmoideo-flexuosus, 16-18 mm. longus. Bacca perfecta ignota.

Habitat in prov. Rio de Janeiro ad Serra de Friburgo : J. de Saldanha n. 7058; in eadem prov. loco haud indicato : Glaziou n. 13800 et ann. 1882 s. G.

TABULAE EXPLICATAE

SIGLA

1, 2. ALABASTRUM.
3. FLOS.
4. CALYX.
6. CALYX CUM STYLO.
7. PETALUM.
8. STAMINA MAJORA.
9. STAMINA MINORA.
15. OVARIUM.
18. STYLUS.
19. FRUCTUS.

24. SEMEN.
29. INFLORESCENTIA.
iii, n. MAGNITUDO NATURALIS.
+ MAGNITUDO AUCTA.
| SECTIO VERTICALIS.
— SECTIO HORIZONTALIS.
a. PARS ANTICE VISA.
l. PARS LATERALITER VISA.
p. PARS POSTICE VISA.

9 782329 253916